キジトラ猫だけ！

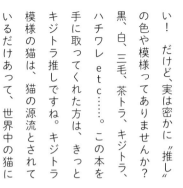

どんな猫でもみんなかわいい！　だけど、実は密かに〝推し〟の色や模様ってありませんか？

黒、白、三毛、茶トラ、キジトラ、ハチワレｅｔｃ……。この本を手に取ってくれた方は、きっとキジトラ推しですね。キジトラ模様の猫は、猫の源流とされているだけあって、世界中の猫に

見られる模様のひとつです。だからきっと、世界中に愛好家がいるのではないでしょうか。

本書では、猫にまつわるキーワードをキジトラ＆キジ白猫だけで、あいうえお順に掲載しています。個性豊かでそれぞれ違う魅力に溢れたキジトラ猫たち

を、たっぷりご堪能ください！

キジトラ猫 ♡ Love 宣言!!

もくじ

STAFF

解説：服部円（P6-7）
装幀・デザイン：小椋由佳
企画・編集：西村依莉

SPECIAL THANKS

飼い主の皆さん
木村来夢
工藤早衣子

参考図書

ネコもよう図鑑／浅羽宏（化学同人）
美しい柄ネコ図鑑／小林希（エクスナレッジ）

参考サイト

ねこのきもち
https://cat.benesse.ne.jp

キジトラ猫だけ!

第1刷　　2020年9月17日
著者　　　「キジトラ猫だけ!」編集チーム
発行者　　田中賢一
発行　　　株式会社東京ニュース通信社
　　　　　〒104-8415 東京都中央区銀座 7-16-3
電話　　　03-6367-8023
発売　　　株式会社講談社
　　　　　〒112-8001 東京都文京区音羽 2-12-21
電話　　　03-5395-3608
印刷・製本　株式会社シナノ

キジトラ猫 とは？

解説：服部円

額のＭ字模様、目尻から延びるアイライン、体には渦模様やウロコ模様、シマ模様ができているトラ猫。キジトラ、サバトラ、茶トラ……トラ猫も毛の色でずいぶん印象が違います。

本書の主役のキジトラ猫は「アグチ毛」と呼ばれる一本の毛に茶と黒が混ざった毛を持つ猫で、「マッカレル（魚のサバ）タビー」と呼ばれるシマ模様はアグチ毛によるものです。この毛の色が鳥の「キジ」に似ているため「キジトラ」と呼ばれているという説があります。

キジトラ猫のルーツは、イエネコの祖先種である「リビアヤマネコ」といわれていて、日本のヤマネコの「ツシマヤマネコ」や「イリオモテヤマネコ」もキ

ジ模様であることから、キジトラ猫は野生種に近いとされています。キジ模様の猫が野生種に多いのは、自然の中で目立たずに獲物を狙える模様だからかもしれません。野生種に近いため、世界中で見かける模様の猫でもあります。その性格は警戒心が強いといわれますが、毛の色が性格に影響を及ぼすという研究結果はありません。また、太いシマ模様や大きな渦模様は洋猫に多いとされています。

服部円●編集者、研究者。ファッション誌の編集者として活動しながら、猫×クリエイターをテーマにした WEB マガジン『ilove.cat』を主宰。現在は社会人大学院生として麻布大学獣医学部にて、猫の顔形態の違いについて研究をしている。
@nekokao2019

顔

額のM字につながるように縦にシマ模様、アイラインと目尻にクレオパトララインが入っている。目の色は黄色、グリーンが多い。鼻は茶やこげ茶が多数。キジ白ならピンクの猫も。

腹

腹部までシマ模様は続いているが、濃淡の差は猫によって様々。模様が薄くなったり斑模様になったり、全体的に茶色っぽい猫や白っぽい猫もいる。キジ白は腹部が白いことが多い。

毛

こげ茶と黒のシマ模様が基本。時折、シマに茶が混じる子も。3色の毛は「三毛猫」でもあるため、ほぼメス。キジ白猫はキジベースの毛と白ベースの毛で分かれている。

肉球

黒や小豆色の肉球が多い。これは毛に黒色の遺伝子があるためといわれてる。ピンクの肉球は白い毛の遺伝子の影響でメラニン色素が薄いため、ピンクになると考えられている。

背

頭から背骨に沿って黒く太いラインが入っている。「マッカレルタビー」の他に斑点になった「スポテッドタビー」が多い。純血腫の洋ネコは「クラシックタビー」と呼ばれる大きな渦模様が脇腹にかけて入る。

しっぽ

すっと長いしっぽの猫が多いが、キジトラ猫は基本的に雑種なので、丸まったボブテイルやカギしっぽの猫も。長いしっぽの猫は必ず先端が黒の単一色となっている。

キジトラ猫

あいうえお

あくび

あ<ruby>ご<rt></rt></ruby>のせ

あ
し

い っちょうら

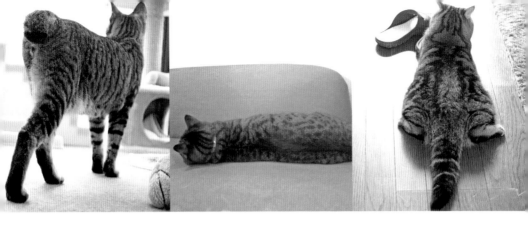

う しろ
すがた

えもの

あ
すわり

か くれんぼ

Spring

季節とともに

Summer

Autumn

Winter

食 いしん坊

毛づくろい

ばこ 箱

香 こう

しっぽ

すやすや

接
近中

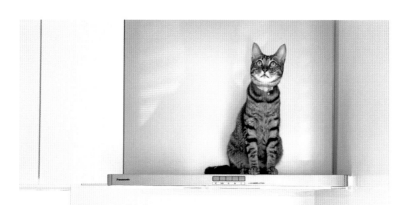

そんなところに！

だらり

立った!

ちら
見

捕まえた!

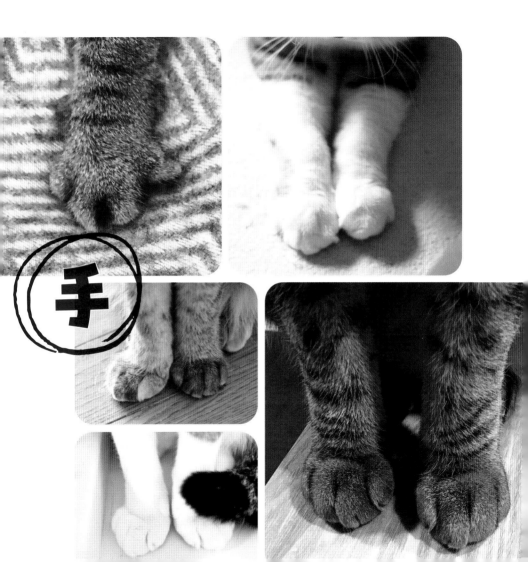

手

出会い

トーテムポール

飛んだ!!

なかよし

肉球

ニャンモナイト

ぬけない

ねじれ

の
びる！

はら

腹

ひょっこり

ふくふく

ぺろ

ほっかむり

ま

るがお

まっすぐ

水
飲み

夢中

めくばせ

も
ふもふ

やんちゃ

ユニット

よりそい

ランニング lle

ライォン

リ
ラ
ッ
ク
ス

ルンルン♪

冷
静

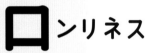ンリネス

Special Thanks

登場猫プロフィール

---

name
うしお ♂(8歳)

📷 🐦 @ccchisa76

おっとり、温和。一緒に暮らす猫たちのボス猫的存在で、みんなの毛づくろいをしてくれる優しい子。

---

name
ぬー ♂(推定7歳)

📷 @bonenuemasica

おっとりした心の優しいのんき者。知らない人の前でも堂々としている。骨太かつ大食いな8.5キロの巨漢猫。好きな食べ物は食べれる物。

---

name
きなこ ♂(13歳)

📷 @anko_and_kinako

すりすりするのが大好きな甘えん坊。好奇心旺盛で誰にでもすぐにお腹を見せる。ヤキモチ焼きな一面も。

---

name
ハル ♀(9歳)

📷 @haruruky 、ドコノコ @haruruky

ツンデレ気質で社交的な立ち耳スコティッシュフォールド。お客様が大好き。肝が座っていて、なにごとにも動じない。

---

name
ピーチ ♀(8歳)

📷 🐦 @ccchisa76

女子力高め。人見知りだけど家族の前では時々弾ける一面を持つ。

---

name
もなか ♀(1歳)

📷 @anko_and_kinako

物怖じしない大胆で素直な性格。食べることとおしゃべりが大好きな女の子。

<table>
<tr>
<td>

name
りゅう ♂(4歳)

📷 @kyon1027

おっとりに見えて意外に機敏。こだわり強め。クール。ツン多めのツンデレ。

</td>
<td>

name
みかん ♀(推定6歳)

📷 @koriri222

食いしん坊で甘えん坊。あまり空気を読まないところが魅力。

</td>
<td>

name
マル ♀(9歳)

📷 @ilovecatscoco

超ツンデレで抱っこと被りものが苦手。スコ座りができないスコティッシュフォールドだけど、ヘソ天は得意!

</td>
</tr>
<tr>
<td>

name
レモン ♀(2歳)

📷 @lemon.20180701

気が強いけどたまに甘えん坊。ご飯大好き、まん丸お目目の女の子。

</td>
<td>

name
メイ ♀(4歳)

📷 @kumi_chip

ツンデレ女子。過度な干渉は常に拒否する。飼い主の流血も気にせず己を貫き通すタイプ。

</td>
<td>

name
まんたろー ♂(3歳5ヶ月)

📷 @marinewasabi 、@junjun_jjj

甘えん坊で優しい短足マンチカン。踊りが好きなおしゃべりボーイ。

</td>
</tr>
<tr>
<td>

</td>
<td>

name
おコン太コン乃助 ♂(3歳)

📷 @kumi_chip

通称コン。撫でられるのが大好きな甘えん坊。お年寄りに優しく、怒っても甘噛みしかしないジェントルマン。

</td>
<td>

name
titi（ティティ） ♂(2歳)

📷 @kijitora_titi

名前の由来はフランス語の「いたずらっ子」から。甘えん坊で怖がり、寂しがりだけどシャイな男の子。好きな色は黄色。

</td>
</tr>
</table>

name
コウ ♂(2歳)

◎ @sanchelove

警戒心が強い。先住猫が近くにいるときだけ安心して人に甘えてくる。

name
フルフル ♀(4歳)

◎ @midopolly

お客さまが来ると人見知りを発揮するけど、家族の前ではマイペースな性格。

name
アメリ ♀(2歳)

◎ @less_i_0

とんでもなくおてんば。すぐに物を壊す破壊王。お水をひっくり返すのが日課。お客さんが来ると猫が変わったように大人しくなる。

name
ツカサ ♂(2歳)

◎ @sanchelove

人とくっついているのが大好きな甘えん坊、抱っこ大好き。

name
シエル ♀(6歳)

◎ @nez_to_ciel

怖がりで慎重だけど人間好きでもある。おっとりしていて、話しかけると答えるおしゃべりな女の子。とにかく水が大好き。

name
トト ♂(2歳)

◎ @less_i_0

甘えん坊で怖がりの引っ込み思案な性格。先住猫のことが大好き。コロコロの紙でよく遊ぶ。人間の膝の上で昼寝するのも好き。

name
つくね ♀(11歳)

◎ @sanchelove

おっとりしていてニコニコしながら甘えてくる。人懐っこい。

name
アヤノ ♀(2歳)

◎ @sanchelove

警戒心が強く、人とは少し距離を置いて過ごしている。先住猫とは仲良し。

name
マチルダ ♀(2歳)

◎ @less_i_0

マイペースで社交的。好奇心旺盛でよく遊ぶ。ご飯には興味がないけど、おやつは残さず食べる。お客さんにもすぐにゴロゴロ喉を鳴らす。

よもぎ ♂（7歳）

📷 @yomogi_han

人見知りをまったくしないおしゃべりな甘えん坊。おっちょこちょいでマイペースだけど、デリケートな一面も。

てんじゅ ♀（3歳）

📷 @tenju1001

通称てんちゃん。ツンが9割、デレが1割のツンデレでビビりなスコティッシュフォールド。飼い主のお風呂とトイレの出待ちが日課。

キキ ♀（3歳）

📷 @shinchan_neko

猫じゃらしで遊ぶのが大好きなおてんば猫。おじさんも好き。ジャンプが得意で高い場所を好む。

トンカ ♂（1歳）

犬のように人なつっこい。飛び跳ねて遊ぶ元気いっぱいな男の子。飼い主のPCのキーボードの上に乗って、仕事を手伝う（邪魔）のが得意。

寅次郎 ♂（6歳）

📷 @torachanthecat

寂しがりで甘えん坊のツンデレエキゾチックショートヘア。常に自分を見ててほしい俺様タイプだけど優しい。見かけによらず（?）運動神経よし。

ちなつ ♀（2歳）

📷 @shinchan_neko

甘えん坊だけど、気が小さくて臆病な性格なので、隠れるのが得意。好きな食べ物はカリカリ。

虎本 ♂（10歳）

📷 @toramotogram

素直。留守番が嫌い。ごはんが好き。人見知りしない。マイペース。

ドラミ ♀（6歳）

📷 @shinchan_neko

甘えん坊でおしゃべり。自分を人間だと思っているフシがある。食いしん坊。